LEVEL
2

사이언스 리더스

알수록
신비한 뱀

멀리사 스튜어트 지음 | 김아림 옮김

 비룡소

멀리사 스튜어트 지음 | 미국 유니언대학교에서 생물학을 전공하고, 뉴욕 대학교에서 과학언론학으로 석사 학위를 받았다. 어린이책 편집자로 일하다가 현재는 아동 과학책 작가로 활동하고 있다.

김아림 옮김 | 서울대학교에서 공부하고 같은 대학원 과학사 및 과학철학 협동 과정에서 석사 학위를 받았다. 출판사에서 과학책을 만들다가 지금은 책 기획과 번역을 하고 있다.

내셔널지오그래픽 키즈 사이언스 리더스
LEVEL 2 알수록 신비한 뱀

1판 1쇄 찍음 2025년 1월 20일 1판 1쇄 펴냄 2025년 2월 20일
지은이 멜리사 스튜어트 옮긴이 김아림 펴낸이 박상희 편집장 전지선 편집 유채린 디자인 신현수
펴낸곳 (주)비룡소 출판등록 1994.3.17.(제16-849호) 주소 06027 서울시 강남구 도산대로1길 62 강남출판문화센터 4층
전화 02)515-2000 팩스 02)515-2007 홈페이지 www.bir.co.kr 제품명 어린이용 반양장 도서 제조자명 (주)비룡소
제조국명 대한민국 사용연령 3세 이상 ISBN 978-89-491-6917-0 74400 / ISBN 978-89-491-6900-2 74400 (세트)

사진 저작권 Cover: © Heidi & Hans-Jurgen Koch/drr.net; 1: ©Shutterstock/Skynavin; 2, 20-21, 25 (middle); 32 (bottom, left): © Digital Vision; 4-5: © Michael D. Kern/Nature Picture Library; 6-7: © Jerry Young/Dorling Kindersley/DK Images; 7 (top): © Colin Keates/Dorling Kindersley/Getty Images; 8, 9, 32 (top, right): © Norbert Rosing/National Geographic/ Getty Images; 10: © Tendy sn/Shutterstock; 11 (top): © Joe & Mary Ann McDonald/Getty Images; 11 (bottom, left), 32 (middle, left): © Anthony Bannister/Gallo Images/ Getty Images; 11 (bottom, right), 27 (bottom), © Michael & Patricia Fogden/Corbis; 12 (top): © Lowell Georgia/ Corbis; 12 (bottom): © Michael & Patricia Fogden/Minden Pictures/ National Geographic Stock; 13: © Frank Lane Picture Agency/ Corbis; 14 (top), 32 (top, left): © Bianca Lavies/National Geographic/Getty Images; 14-15: © Joe McDonald/Corbis; 16, 25 (top), © Ashok Captain/ephotocorp/Alamy; 17 (top, left): © Image Source/Corbis; 17 (top, right): © Paul Chesley/Stone/ Getty Images; 17 (bottom): © Dwayne Brown/ Brownstock Inc./Alamy; 18: © Francois Savigny/Minden Pictures; 18-19 (bottom): © Tony Phelps/Nature Picture Library; 19 (top): © Dr. George Gornacz/Science Photo Library; 19 (bottom, right): © S. Blair Hedges, Ph.D., Penn. State: 22 (top, left): © Frans Lemmens/zefa/Corbis; 22 (top, right), 23 (top, right), 32 (bottom, right): © Michael & Patricia Fogden/ Minden Pictures; 22-23 (background): © Darrell Gulin/Corbis; 23 (top, left), 31 (top): © Shutterstock; 24: © Dorling Kindersley/Getty Images; 25 (bottom): © Thomas C. Brennan; 26: © Stephen Dalton/Minden Pictures; 27 (top): © Mark Moffett/Minden Pictures/National Geographic Stock; 28, 32 (middle, right): © Theo Allofs/Corbis; 29 (top): © Oliver Strewe/Stone/Getty Images; 29 (bottom): © Werner Bollmann/Photolibrary/Getty Images; 30: © John & Lisa Merrill/ Photodisc/Getty Images; 31 (bottom): © A&J Visage/Alamy.

이 책의 차례

깜짝 동물 퀴즈!

몸통이 밧줄처럼 길쭉하고
몸 전체에는 메마른 비늘이 덮여 있는
동물이 뭘까?

배를 땅바닥에 붙이고 슬슬 기어다니고,
혀를 날름날름 내밀고, 눈을 깜빡이지 않는
이 동물은?

남아메리카에서 볼 수 있는
아마존나무보아야.

바로 뱀이야!

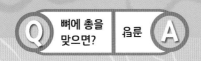

뱀은 거북, 악어, 카멜레온처럼 **파충류**에
속해. 파충류는 온몸이 비늘로 덮여 있어.
특히 뱀은 비늘과 비늘을 이어 주는 피부가
무척 잘 늘어나. 그래서 자기보다 몸집이 큰
먹이도 꿀꺽 삼키지.

또 파충류는 주변 온도에 따라 몸의 온도가
바뀌어. 그래서 추우면 햇볕을 받아
몸을 따뜻하게 하고, 더우면 그늘 안에
쏙 들어가 열을 식히지.

피부

비늘

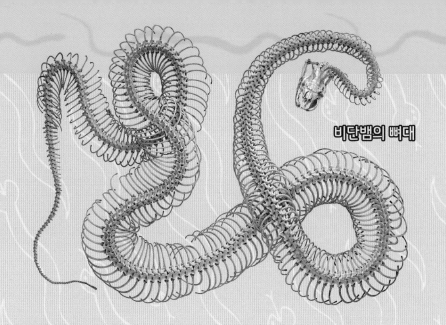

비단뱀의 뼈대

모든 파충류는 뼈가 있어. 뼈가 무려
1000개가 넘는 뱀도 있지!

뱀 ● 용어 풀이

파충류: 등뼈가 있는 동물의 한 종류로
피부가 비늘에 덮여 있고, 남극을 뺀
전 세계에서 약 6000종이 산다.

알뱀이 커다란 알을 통째로 삼켰어.
이제 뱃속에서 알을 깨뜨린 다음
껍데기만 뱉어 낼 거야.

알뱀

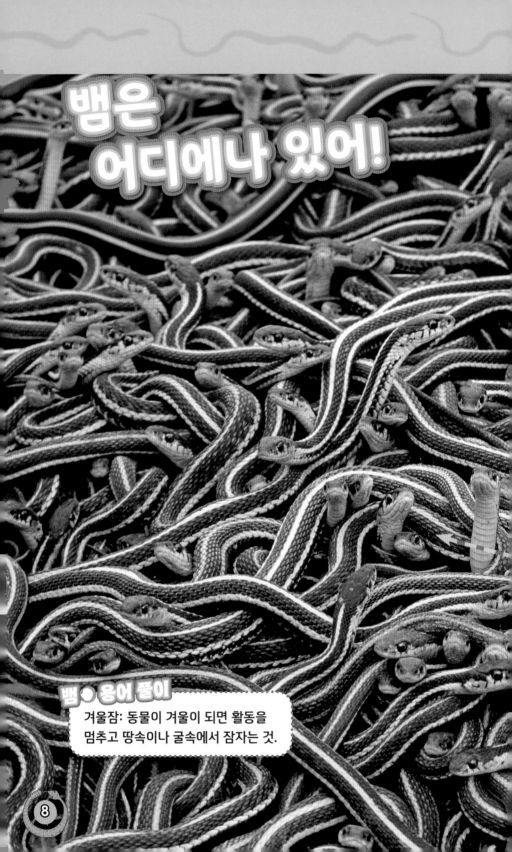

뱀은
어디에나 있어!

뱀 ● 용어 풀이

겨울잠: 동물이 겨울이 되면 활동을
멈추고 땅속이나 굴속에서 잠자는 것.

뱀은 거의 모든 곳에서 살아. 들판이나
숲에서도 살고, 사막이나 바다에서도 살지.
심지어 도시의 공원에도 뱀이 있을 정도야.

뱀은 대부분 따뜻한 곳에서 활발하게 지내.
한편 서늘한 곳에서 사는 뱀도 있어. 이
뱀들은 추운 겨울이 오면 쿨쿨 **겨울잠**을 자.
보통 혼자서 겨울잠에 들지만, 어떤 뱀은
무리를 지어 겨울잠을 자.

해마다 캐나다
남부에서는 줄무늬뱀
수천 마리가 굴속에 모여
겨울잠을 자.

빼꼼! 따뜻한 봄이 되자
줄무늬뱀들이 굴 밖으로
머리를 내밀었어.

뱀이 새끼를 낳는 방법

어미 뱀이 알을 낳고 떠나 버려서
알만 남아 있어.

뱀 용어 풀이

부화: 동물 새끼가
알을 깨고 나오는 것.

따뜻한 지역에 사는 어미 뱀은 보통 알을
낳아. 알을 낳고는 스르륵 미끄러지며 떠나는
거야. 뱀은 대부분 자기 알을 보살피지
않거든.

뱀은 바위 밑이나 나무 구멍처럼 적의 눈에
잘 띄지 않는 곳에 알을 낳아. 한 번에 알을
6~30개 정도 낳지. 커다란 비단뱀은 무려
100개가 넘는 알을 낳는다고 해!
알을 낳고 몇 주가 지나면 새끼가 **부화**해.
갓 태어난 새끼 뱀은 어미 뱀과 꼭 닮았어.

새끼 뱀들이 알을 깨고
나오는 중이야!

버마왕뱀

동부초록맘바

산호뱀

새끼 서부다이아몬드방울뱀

서늘한 지역에서 지내는 어미 뱀은 보통
알을 몸속에서 부화시킨 다음에 그 새끼를
낳아. 서부다이아몬드방울뱀, 속눈썹살무사,
아프리카살모사의 새끼들이 이렇게
태어나지.

어미 속눈썹살무사와
갓 태어난 새끼들이
옹기종기 모여 있어.

무시무시한 독을 품은
아프리카살모사와 그 새끼들이야!

새끼를 낳는 뱀들은 대부분 한 번에
5~20마리를 낳아. 아프리카살모사처럼
한 번에 150마리가 넘는 새끼를 낳는 뱀도
있기는 해. 이렇게나 많은 새끼들이 안에서
꿈틀거리면 어떤 기분일까? 한번 상상해 봐!

뱀의 몸은 계속해서 쑥쑥 자라. 그러다 보면 새로운 피부가 필요해지지. 이때 뱀은 **허물**을 벗기 시작해.

허물을 벗는 목재방울뱀

이집트줄무늬코브라가 허물에서 몸을 쏙 빼내고 있어.

뱀은 허물을 벗으려고 바위에 머리를 슥슥
문질러. 그러면 피부가 쩍 하고 벌어지지.
이제 뱀은 벌어진 틈으로 몸을 쭉 밀어내면서
허물을 쏙 빠져나와. 마치 양말을 벗는
것처럼 말이야!

뱀은 대부분 1년에 3~4번
허물을 벗어.

뱀 용어 풀이

허물: 파충류, 곤충 등이 자라면서
벗는 껍질.

뱀은 어떻게 움직일까?

동물은 보통 다리와 발이 있어. 그런데 뱀은
다리도 발도 없어. 그럼 어떻게 움직이냐고?
배 쪽에 있는 넓은 비늘을 써서
스르륵 기어다니지.

움직일 때 쓰는 배 비늘

살무사

뱀이 움직이는 모습을 살펴볼까? 비단뱀은 배 근육을 써서 땅바닥을 배 비늘로 밀면서 앞으로 나아가. 그런데 모래 사막처럼 바닥이 미끄러운 곳에서는 다르게 움직여. 사막에 사는 게걸음살모사는 몸을 감았다가 재빨리 펴면서 나아가. 꼭 몸을 옆으로 내던지는 것 같다니까!

비단뱀

게걸음살모사

한편 가터뱀은 몸통을 앞뒤로 구부리며 움직여. 배 비늘로 풀밭이나 바위를 밀며 쭉쭉 나아가지.

가터뱀

최고의 뱀을 찾아라!

지구에는 뱀이 3000여 종이나 있어.

그중에서 최고의 뱀들을 뽑아 소개할게.

가장 무거운 뱀
초록아나콘다
초록아나콘다는 몸무게가
최대 약 250킬로그램이나
나가. 사자 한 마리와
무게가 비슷해!

가장 위험한 뱀

부리바다뱀

인도양의 얕은 바다에 사는
부리바다뱀은 무시무시한
독이 있어. 부리바다뱀에게
물리면 아주 적은 양의
독으로도 죽음에 이르게 돼.

가장 작은 뱀

바베이도스실뱀

에계, 바베이도스실뱀은
길이가 고작 10센티미터
정도밖에 되지 않아.

가장 빠른 뱀

검은맘바

검은맘바는 1시간에
약 20킬로미터나 움직일 수 있어.
사람이 뛰는 속도보다 2배는 더
빠른 거야.

뱀의 감각 기관

뱀에게 어떤 **감각 기관**이 있고, 무슨 일을
하는지 하나씩 알아볼까?

뱀은 **혀**로 냄새를 맡아. 끝이 뾰족하게 둘로
갈라진 혀를 날름거리며 냄새를 맡지.

뱀의 **동공**은 눈으로 들어오는
빛의 양을 조절해. 둥근 동공을 가진 뱀은
낮에 사냥하기에 알맞고, 길쭉한 동공을 가진
뱀은 어두운 밤에 먹이를 잘 찾는단다.

뱀의 **귀**는 머리 안쪽 깊숙한 곳에 있어. 뼈를
따라 전해지는 떨림으로 소리를 알아챈단다.

몇몇 뱀은 코와 입 주변에 열을 느낄 수 있는 **피트 기관**이 있어. 이 기관으로 어두운 곳에 있는 사냥감도 척척 잘 찾아낸단다.

콧구멍

피트 기관

동공

머리 안쪽에 있는 귀

뱀 용어 풀이

감각 기관: 동물이 보고, 듣고, 냄새를 맡고 맛볼 수 있게 해 주는 몸의 부분.

동공: 눈알의 한가운데에 있는 까만 점으로 빛이 들어가는 부분.

아루바방울뱀

꽁꽁 숨어라!
숨기 대장 뱀

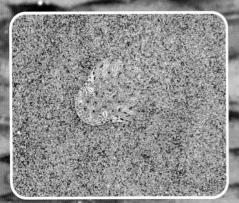

물속에 몸을 숨긴 줄무늬뱀

뱀은 우리 눈에 쉽게 띄지 않아. 주변 환경과
비슷하게 보이도록 위장을 잘하거든.
아래 사진에서 뱀이 어디 있는지 한번 찾아봐!

모두 찾았니? 뱀은 이렇게 몸을 잘 숨겨야
포식자의 눈을 피할 수 있어. 반대로 몰래
숨어서 먹잇감을 사냥할 때도 도움이 되지.

뱀 ● 용어 풀이

위장: 주변 환경과 비슷하게 보이게 해서
몸을 숨기는 것.

포식자: 다른 동물을 사냥해서 잡아먹는
동물.

뱀의 또 다른 무기들

꼭꼭 숨는 대신 다른 방법으로 자기 몸을
지키는 뱀도 있어. 어떤 뱀들인지 만나 볼래?

풀뱀은 적이
가까이 다가오면
죽은 척해.
꼴까닥!

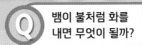

독물총코브라는
다가오는 적의 눈을
향해 독을 뿜어!

산호뱀은 화려한 무늬로
적들에게 '나한테 무시무시한
독이 있어!'라고 경고를 보내.

서부매부리코뱀은
힘껏 방귀 소리를
내면서 적을 위협해.

이빨로 콱!
사냥 대장 뱀

뱀은 음식을 자주 먹지 않아. 매일 한 끼를 먹는 뱀도 있고, 일 년에 딱 한 번 먹는 뱀도 있어.

뱀은 날카로운 이빨로 먹잇감을 콱 물어서 사냥해. 이 무시무시한 이빨이 200개가 넘는 뱀도 많아! 게다가 이빨이 빠져도 평생 새로 자라난다고 해.

뻐끔살무사

타이완하부의 송곳니에는 독이 있어.

코브라, 살무사, 비단뱀 등은 갈고리처럼
휘어진 커다란 송곳니에서 독이 흘러나와.
이 독으로 먹잇감을 움직이지 못하게 하거나
죽이지. 뱀의 특별한 무기인 거야.

속눈썹살무사가 입을 쩍 벌리며 벌새를 공격하고 있어!

많은 뱀들이
주로 작은 동물을
사냥해. 생쥐나
개구리, 물고기,
새 같은 동물들을
산 채로 먹어 치우지.

초록나무비단뱀이
개구리를 통째로
삼키고 있어!

입을 크게 벌리고
먹잇감을 통째로
꿀꺽 삼키는 거야!

자기보다 몸집이
큰 동물을 잡아먹는
뱀도 있어. 비단뱀, 보아,
구렁이 등이 그렇지. 이 뱀들은
두툼한 몸통으로 먹잇감의 몸을
칭칭 감아. 그런 다음 먹잇감이
죽을 때까지 꽉 조여. 비단뱀은 이 방법으로
커다란 영양도 죽일 수 있대!

비단뱀이
도마뱀의 몸을
칭칭 휘감았어.

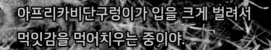
아프리카비단구렁이가 입을 크게 벌려서
먹잇감을 먹어치우는 중이야.

뱀을 키울 수 있다고?

뱀은 대부분 사람에게 위험하지 않아.
오히려 농작물을 망치거나 병균을 옮기는
쥐와 곤충을 잡아먹어서
사람들에게 도움을
주기도 해. 그러니까
뱀은 우리가 사는
세상에서 소중한
동물이야.

어린이가 잘 훈련된
보아뱀을 목에
두르고 있어.

뱀을 좋아하는 사람들은
반려동물로 키우기도 해.
뱀의 몸은 서늘하고
부드러워. 간지럼은 또
얼마나 잘 탄다고!
어때? 알수록 신비한 뱀의
매력에 너도 푹 빠졌지?

보아뱀

그물무늬비단뱀과 식사를 하는 가족

허물
파충류, 곤충류 등의 동물이 자라면서
벗는 껍질.

겨울잠
동물이 겨울이 되면 활동을 멈추고
땅속이나 굴속에서 잠자는 것.

이 용어는
꼭 기억해!

부화
동물 새끼가 알을 깨고 나오는 것.

포식자
다른 동물을 사냥해서 잡아먹는 동물.

동공
눈알의 한가운데에 있는 까만 점으로
빛이 들어가는 부분.

위장
주변 환경과 비슷하게 보이게 해서
몸을 숨기는 것.